U0739259

职业技术教育工艺美术类·展示设计系列教材

Arts and Crafts of Technical and Vocational Education　Text Books for Exhibition Design

会展——展示空间设计

主编 谢跃凌　副主编 张礼全　陈　晓

辽宁美术出版社

编委会成员：张礼全　朱俊璇　范莉莎　谢跃凌

陈　晓　梁　敏　刘　凯　刘红波

唐红云　凌小冰　伍卫平　陈功为

梅　咏

图书在版编目（CIP）数据

会展：展示空间设计/谢跃凌主编. —沈阳：辽宁美
术出版社，2008.5
　ISBN 978-7-5314-4094-9

Ⅰ.会… Ⅱ.谢… Ⅲ.展览会-空间设计-教材 Ⅳ.
TU242.5

中国版本图书馆CIP数据核字（2008）第069582号

出　版　者：辽宁美术出版社
地　　　址：沈阳市和平区民族北街29号　邮编：110001
发　行　者：辽宁美术出版社
印　刷　者：沈阳市佳麟彩印厂
开　　　本：889mm×1194mm　1/16
印　　　张：5
字　　　数：150千字
出版时间：2008年7月第1版
印刷时间：2008年7月第1次印刷
责任编辑：方　伟　刘巍巍
封面设计：童迎强
版式设计：方　伟　刘巍巍
技术编辑：鲁　浪　徐　杰　霍　磊
责任校对：张亚迪
ISBN 978-7-5314-4094-9

定　　　价：33.00元

邮购部电话：024-23414948
E-mail：lnmscbs@163.com
http://www.lnpgc.com.cn

前 言

会展业在发达国家深受高等教育职业技术教育和科研界的重视。随着社会经济的飞速发展，我国会展业虽然起步较晚，但是从"九五"以来中国的会展业发展迅速，近年来以20%的平均增长率逐年增长，在中国经济舞台上扮演着越来越重要的角色。尽管会展业发展迅速，但与西方发达国家相比，我国的会展业还处在萌芽阶段，发展不成熟，竞争力相对较弱。我国会展业无论是在规模、效益还是在质量方面都与发达国家差距巨大，主要体现在管理水平、运作、展示设计水平低，这些问题都与会展人才短缺有直接或间接关系，会展人才短缺已成为制约我国会展业发展的"瓶颈"。据国家劳动和社会保障部有关部门统计预测，近三年内我国会展人才缺口近200万人。因而，各类相关学校及科研机构纷纷瞄准会展业这块阵地，以各种不同层次的教育方式开展不同层次的会展专业的学历教育。

从目前我国的会展教育研究机构看，主要分成两大类：一类是开设会展专业的大中专院校和职业学校；另一类是依靠大学或行业骨干力量办的科研类研究中心。

从我国的会展教育人才培养模式来看，第一层次为职业培训教育，专门培养会展所需各个细分工种的技能型人才，如展位设计、展品仓储和运输、会展营销等；第二层次是在具备了一定的业务水平后，继续进修以获得会展类的专项文凭。第三个层次为学位层次，即接受高校的学历教育，获得学士或硕士级别的文凭。会展类的信息交流形式则趋于多样化，如学术研讨会议，行业内高层研修活动，政府人才培训项目等。利用一切资源加快我国会展专业人才的培养。

虽然各地各院校及相关单位都在积极探索自己的会展办学模式，但从会展学科的建设情况来看，我国的会展教育起点低，特别是展示设计专业的师资队伍力量薄弱，许多老师是从装潢广告、室内设计专业学科等转行过来的，授课方式上很多还是直接把室内设计学和广告设计学两项课程简单地拼凑教学的模式，创新的少。会展业系列的教材远远落后于会展业的发展需求。

从今后展示设计专业的职业特点看，这个专业培养出来的专业人才，应该具备运用现代设计理念，从事大、中、小型会展、节事活动空间环境的展示设计、施工并提供具有创造性和艺术感染力的视觉化表现服务的人员。职业的特点已经决定了它的实践性要求，特别是职业技术教育有别于大学本科的教育模式。因此，我们更应该按照职业技术人才培养的教育模式以及不同的市场定位需求，制订相应的教学体系和专业教材体系。

正是在会展业这种超常规发展的大背景下，培养会展业专业实用技术人才的各个环境中，就得必须重视会展业相关系列的教材建设。因为教材的定位是否准确、质量是否上乘、结构是否合理、特色是否鲜明、是否具有实用性等，都直接影响到人才培养的质量。出于会展业发展需求量和基于这样的认识，我们编写了《会展——策划与管理》、《会展——展示设计》、《会展——展示空间设计》、《会展——展示工程设计》、《会展——展示视觉传达设计》系列教材，我们始终试图尽量地去体现会展专业实用性、实战性和实践性的特点，全书通篇极力强调教材的专业性和系统性，以展示设计专业的课程设置和教学结构为依据，力求从创意设计到实物的实现，并且参加编写的主要专业教师都有着较丰富的展示设计的实践经验和教学经验，多次参与大型会展策划、展示工程设计及其工程施工的管理，他们把实践积累和研究奉献出来与大家共享，为会展设计专业的人才培养付出了极大的努力。

目 录

CONTENTS

第 **1** 章

展示空间设计的基本概述

　　展示空间是指能满足人们获取信息的空间。展示空间首先是一个公共空间，开放性和流动性是它的特点。展示空间的形成取决于个人或团体的展示动机，其意义又取决于个人或团体的获取动机对展示内容的反馈。因此，展示空间力求建立一个良好的交流平台，提供最好的信息传播方式。展示空间不同于其他满足人类需求的功能空间，展示空间是为了信息的传播与交流，展示空间就是信息空间。它是信息系统的物化，这种物化是通过以视觉手段为主的综合手段来实现的，是一个将信息视觉化了的空间。现代展示空间已不同于传统的展示空间那样常常使功能和传达分离，竞争不再使人们轻易放弃每一个可利用的机会。因此现代空间是一个多元构成的高度统一体，其每一个部分都可能是信息的载体，不仅仅是文字和图形，空间里的所有形态、材料、色彩和灯光都共同担负着传递信息的任务，都是信息的象征表述（图1－1－1）。

图1－1－1

第一节　展示空间的基本特征

从总体上讲，展示空间是一种人为的空间。由于是供众多人进行观览、欣赏与贸易交流的场所，所以具有公共空间的共同特点。但由于展示目的的多元化，展示空间又具有灵活多样的组合变化特征——不拘一格，多姿多彩。

一、多维性

静态空间是由长度、宽度、高度表现出来的三度空间。人们可以随着时间的推移，视点的移动，而对某个或多个空间得到一种完整的感受，因此可以说又增加了一个第四度空间——时间。只有以时间为基准才能考虑与确定其空间的功能，离开一定的时间因素，人们是无法全面认知和感受展示空间的。所以空间应该是一个统一体，而时间是衡量变化的尺子，也就是说展示空间是三度空间与时间集合的多维空间，众多的情绪随着空间的变化而受到影响和感染，观众在动态的欣赏中体会着不同形态的变换，感受着多维空间的节奏与韵律。

二、多样性与组合性

展示空间是进行展示活动的特定空间、展示性质的

差异性、展示内容的丰富性、展示场馆、展示区位的功能性、展示形势、展示手法的多姿多彩。现代展示空间环境的创造，是包括展馆周围地域空间，展馆建筑和展馆室内空间环境的整体规划和空间组织。许多展馆建筑本身便是集中了当时最新科技成果，而成为一个城市的纪念性、标志性"名片"。如南宁国际会展中心的标志性建筑造型（图1-1-2至图1-1-5）。

三、开放性与流动性

展示空间的开放性是指展示活动要求创造一个面向公众，以实现信息现场交流为目的的环境空间。展示空间具有私密性的封闭式的生活空间。不同的是，除了必要的隔离围合外，从总体上讲展示的环境空间应该是通透开敞的，因此，展示空间要打破封闭的模式，使形式和内容融入开放的环境中，以满足公众对信息的欲求。目前许多重大历史和文物价值的场所面临开放性与保护性的矛盾，如何用现代化科学技术手段来平衡这一矛盾，最大限度地实现让更多的观众"实地体验"的开放性要求，是现代展示的重要课题。

展示空间的流动性是指展场馆内由人和物构成的川流不息的空间，它需用时间的延续来展示空间的变化。设计师要善于分析观众的心理，展示合理的空间规划、

图1-1-2

图1-1-3

图1-1-4

图1-1-5

展区分布和参观线路，使观众在流动中有效地接受特定的信息，方便介入展示活动。

四、追求效率的多功能性

展示空间追求效率的多功能性是指现代展示活动的综合功能，要求展示场馆成为集展示、交易、信息交流以及会议服务、公众生活的娱乐等功能为一体的综合多功能群体空间。现代快节奏的生活使得人们的时间观念更强，更追求效率，要求空间的组合布局更合理，人流分布畅通，交通便畅。而面对居高不下的馆租和展位费用，讲究空间的利用率也提高了资金的使用效率。

第二节　展示空间的基本分类

一、常见展示设计的类型

1.展览会、博览会展示

数十家或数百家单位联合举办的展示会，一般具

图1-2-1 广州会展中心

有明确的展览时间性和季节性，属于短期展示。展览会包含的内容涉及社会的各个方面，包括各行各业的展览推广活动（商品、企业、文化、教育等）。世界性博览会在许多国家都举办过，包括的内容就更加丰富。如2000年在德国举办的汉诺威世界博览会（图1-2-1）。

2.博物馆展示

以长期性和相对固定性为主要特征，展品多以珍贵的历史文物和文献以及艺术品为主，展示内容多体现历史发展过程和重大历史事件（图1-2-2、图1-2-3）。

3.橱窗展示

橱窗展示是商店为了实现营销目的，及时传达商品信息或介绍商品特性，方便消费者了解和选构商品而精心设计的一种宣传形式。是商品宣传中最直接最重要的手段（图1-2-4）。

4.购物环境展示

一般指各类商场、商店、超级市场、售货亭等商业销售环境的展示。其设计主旨是在考虑人流交通的基本

图1-2-2 博物馆展示

图1-2-3

图1-2-4

需要的基础上，通过商品的陈列方式，以借助展具、灯光照明等要素，营造便于顾客选购商品或适合于商家进行销售的形式。

5.观光景点展示

是指在旅游观光景点、名胜古迹环境中，为方便游客游览需要的某些展示设计。通过各种可视形式宣传景点的特色及一切导游指示图、路标、说明标志、广告宣传等设施。

6.节庆礼仪展示

在日常生活中，常有一些节日庆典、礼仪活动，其空间环境的设计也属于展示设计的范畴。在这类活动中，大到整体空间环境的平面布局、立体设计，小至会徽标识、彩灯旗帜、花坛景观等都是展示设计包含的内容（图1-2-5）。

二、展示空间设计的分类

1.布展空间

布展空间是指展品陈列的实际空间，是展示空间造型的主体部分。能否取得视觉效果，吸引观众的注意力，有效地传达信息，是布展空间设计的关键。在设计中，处理好展品与人、人与空间的关系十分重要。展品的陈列既要考虑人体尺度，同时也要考虑出其不意的视觉效果。

在保证一定的通道功能要求下，着重关注如何为观者提供一个令人兴奋的信息场所，经历一次难忘感受或心理体验，是布展空间设计的重点（图1-2-6至图1-2-8）。

2.流动空间

流动空间也称共享空间，包括展示环境中的通道、

图1-2-5　观光景点展示和节庆礼仪展示

图1-2-6

图1-2-7

图1-2-8

过廊、休息间等场所，是供公共使用和活动的区域。其设计要点有：

①要估算观众的流量、流速以及人观看行为方式的基本状态（包括在谈话、交流中不影响其他参观者）。

②要考虑展品的性质和陈列方式，如展品的大小、平面或立体；是演示还是摆设；以及是欣赏性、浏览性，还是贸易性、零售性等；以及调节人流与通道的关系。

③注重主要展品的最佳视阈、视角、视距与通道的关系。避免在主要产品面前人群簇拥，造成通道滞塞。

④设计科学合理的路径。如最短、最有效的线路，减轻重复、绕道给观众造成的疲劳。另外，线路是否清晰和富有变化，也会在不同的心理上造成不同的感受

图1-2-9　流动空间

图1-2-10

图1-2-11

图1-2-12　接待空间

巧妙地划拨出储藏空间

图1-2-13

图1-2-14

（图1-2-9至图1-2-11）。

3.辅助空间

辅助空间是指布展空间和流动空间之外的空间。概括起来有以下几方面：

①接待空间

是供顾客与展商进行交流的空间。在设计中要和整个展示设计统一考虑。

②工作空间

是专为工作人员设置的空间。他们能在此休息片刻，或整理一下着装、喝茶。在展览会中一般会有专门为工作人员准备的休息区。

③储藏空间

即存放展品、样品或宣传册等物品的空间。

④维修空间

无论是长期陈列还是临时性的展示活动，常有一些诸如仪器、机械、装备、模型以及灯箱、音响、影像、电讯、照明等设备。这些设备除了占用一定的空间外，还必须留出可供维修的空间（图1-2-12至图1-2-14）。

三、展示空间的设计地域分类

在大自然中，空间是无限的，但在我们周围的生活中，我们可以看到人们正在用各种手段取得适合于特定需要的空间，例如，一把伞就可以给人们带来一个暂时的空间，使人们感受到与外界的隔绝。人们对空间的感受是借助实体而得到的，人们常用围合或分隔的方法取得自己所需要的空间。

地域空间可分为室内空间和室外空间两类，相对而言，展示空间以室内为多。

从室内空间形成的过程来看，室内空间包括固定空间和可变空间两大类。固定空间是在建造主体工程时形成的，用地面或楼面、墙和顶棚围成的空间是固定的，一般情况下难以改变楼板和墙体的位置。可变的空间是在固定空间形成后用其他手段构成的，在固定空间内用隔墙、隔断、展具、设备等对空间进行划分，可以形成许多新空间，由于隔墙、隔断、展具、设备等的位置是可变的，便形成了可变空间。

室内空间又可分为实体空间和虚拟空间。实体空间

图1-2-15 富有创意隔断形成的虚拟空间

图1-2-16

图1-2-17

图1-2-18

图1-2-19

范围明确，界限清晰，有较强的私密性，用墙、隔断做侧界面的空间就属这一类。而虚拟空间范围含蓄，是实体空间界定下的空间，被称做"空间里的空间"。实体空间用不到顶的隔断或展具合围的部分就属于这一类。虚拟空间处于实体空间内，与实体空间相贯通，但有它的相对独立性，能够让人们感觉到，故又称为"心理空间"。此外，还有将室内空间划分为封闭空间与敞开空间。若从动态因素出发，室内空间又可分为动态空间和静态空间等（图1-2-15至图1-2-19）。

室内空间——固定空间——可变空间——空间里的空间
　　　↓　　　　　　↓　　　　　↓
　　实体空间　　虚拟空间　　心理空间
　　　↓　　　　　　↓　　　　　↓
　　封闭空间　　敞开空间　　动态空间
　　　↓　　　　　　↓
　　静态空间　　室外空间

空间关系网络系统

　　由一定形状的界面围合隔绝而成的空间，从结构上说，可分为封闭空间、半封闭空间和敞开式空间三类。封闭空间与外界分隔，是静止和相对私密的空间；敞开

图1-2-20 扇形

圆形

图1-2-21 半围

方形

式空间给人的心理感受是动态的、开放的；半封闭式空间属于中性空间，介于封闭空间和敞开空间之间，通常通过一些半通透式的隔断或虚空架构来限定空间。各种不同形式的空间，势必给人产生不同的感受。从空间给人的感受来说，空间有庄严型、愉悦型、忧郁型等；从空间形态分，有方体、长方体、方锥体、圆锥体、半球体、球体、圆柱体、马鞍形、扇形、不规则形等（图1-2-20、图1-2-21）。

第三节 展示空间设计的基本程序与步骤

一个展示活动，可能是经济贸易的、科学技术的、文化艺术的，类型不同，规模也不一样，因此设计程序有大同小异之区别。一般而言，展示设计由开始到结束，经历了展示设计的前期工作、展示的设计及展示施工计划实施的整个过程。展示设计的前期工作主要在展示的前期策划、筹备工作，这项工作的成果主要以文案

的方式提交有关部门审核，并为后面的工作提供相关依据。展示的总体设计及各阶段的设计主要在于展示的主题和内容赋予有感染力的、艺术性的表现形式，是设计方案形成和设计意图诉诸图纸等形式的艺术和技术工作的过程。在设计方案通过主管部门审批后，还要为施工部门提供详细的施工图并配合施工部门完成施工计划的实施。实际上上述工作并不是截然分开的，在大多数情况下需要互相交叉、彼此合作，是互为联系、互为依存的整体。

展示空间设计的基本程序与步骤是一个循序渐进、互相关联的过程。在设计程序的过程中，也可能不断反复循环，但最终的目的是为整个展示内容服务的。

一、技术资料和设计依据的收集

为保证设计方案的顺利进行，在进行艺术和技术设计之前，必须掌握和了解设计所需的技术合作资料和数据。

1.必须掌握展示活动场所的实际情况，除了展示活

动场所原有的建筑图样外，还要对现场实地勘察，校对建筑图样与现场的数据，了解现场的所有设施，如照明设备、配电室、储藏空间、消防设施等。

2.必须了解展示内容，包括展示特性、尺寸、技术数据和展示要求等，熟悉各种材料的规格、价格、性能等。

3.查找相关设计方案。包括国外的优秀案例，近期同类展示方案的特点，以备借鉴。

二、绘制草图

经过技术资料和设计依据的收集后，再根据自身展示内容的特点，可用草图的形式绘制方案，其中包括平面图、立面图、简单透视草图等。草图方案不怕多，要反复推敲，设计师要善于捕捉自己的灵感，最终确定一两个方案进行审定。

三、设计正稿

当草图方案通过审定后，就要正式绘制施工方案图了，其中包括总体展示平面布局示意图、展示空间设计图、展示空间色彩效果图、空间照明设计图、版面设计示意图、展示立面示意图、展示道具设计图等。

四、制作方案模型

现在的设计方案大多采用了三维软件，甚至包括动漫，具备了较好的设计视觉效果，但制作模型是一较为直观明了的手段，它更能直接体现现场效果，表现质感，更便于方案的最终审定，是图纸不可代替的重要表现形式。所以在模型的制作中，特别注意材料要尽量接近方案要求，制作工艺要精细逼真，哪怕是概念化的模型，材料和工艺更要讲究。

五、方案的修改和调整

一般来说，经过审定的方案调整修改幅度不会很大，但不排除大的改动，甚至推翻重新设计的可能性。方案不怕改，只有越改越好，每个设计师都要有这种思想准备。

第**2**章

展示空间设计的主题策划

　　展示空间设计的主题是展示内容的高度浓缩与概括，通过主题能够体现展示的宗旨、理念和目标，营造吸引感染观众的情节意境。主题的创意策划是展示空间设计的核心，是设计师以展示活动的主题和风格为基础，经过构思和组织，运用恰当的表现形式，创造出具有独特构思、理念的展示空间。展示主题的策划来自于对展示空间的深入了解，参展方文化背景、目的意图深刻的领会，对行业市场信息的反馈以及勇于创新的意识和能力。

图2-1-1

图2-1-2

图2-1-3

第一节　展示空间设计的主题掌握

主题是展示空间设计的基础，是展示最终效果的决定因素。对于空间的构思一定是基于主题展开的。在设计的初级阶段，必需把握组办单位和参展企业的意图、目标及传达给参观者的信息，由此决定展示的主题。好的展示主题必需能直接表达展示内容，而且可以创造一种和谐的空间气氛。明确展示空间的设计主题可以从以下三点掌握。

一、突出行业特色

任何一个行业都由其特质的因素决定了受众对整个行业的判断，而这些因素正是设计师为展示空间设计必需把握的。所谓行业特色，是指本行业所具备的特质（图2-1-1）。

我们也会看到有一些企业，为了标新立异，过分地追求形式感，脱离了本行业的特质，表面看来十分热闹，但却影响到客户对其专业性的判断（图2-1-2、图2-1-3）。

图2-1-4

图2-1-5

图2-1-6

二、强化产品卖点

大部分客户都是想通过参展来为新产品的上市聚集人气。这就要求设计公司从新产品本身找准卖点，其卖点往往是产品的使用舒适、内在质量、材料先进、结构合理或外观新颖等特征，然后将其提升为主题。设计公司就要有针对性地从展区的规划到空间的把握都围绕主题将产品的卖点加以强化。

三、体现品牌观念

对于那些相对成熟的企业来说，在品牌成形或基本成形的前提下，展示空间仅仅是品牌形象在一个相对固定时间和地点的延伸。因此他们会把全年的参展计划都纳入企业整体传播规划内，通过和设计师的配合，在风格的统一及应变的备案方面都能够有充分的准备（图2-1-4至图2-1-6）。

风格是建立在文化底蕴上的，要形成一种独特的风格，必须挖掘参展企业的文化背景以及文化特征，无论是在空间上的处理还是灯光、色彩、材料、新技术的使用等都与文化特征产生联系，在这些相互关联中展示空间的独特风格便会油然而生。

商业展示对主题的挖掘和风格的提炼，是以商业目的为导向的相对被动性选择。展示设计师对设计元素的寻找，必须保持对市场的尊重心态，也就是尊重客户、尊重受众。对于大多数情况来说，满足企业的诉求也就是满足市场。当然这个满足不是一味地迎合。对于展示这样一个实践性很强的领域来说，理论上的专业往往不同于实际上的适用。

把握展示主题和风格能使设计者完整、准确地体现企业与商品的所有信息，有效调动一切展示手段，为参展企业抓住市场机遇、树立良好形象提供有力的支持和帮助（图2-1-7至图2-1-9）。

图2-1-7

图2-1-8

图2-1-9

第二节　展示空间设计的主题程序

一、确立主题信息

1.寻找信息特质

首先根据市场调研和诉求对象进行分析，对要在空间中展示的内容的基本信息进行选择和论证，找出区别于其他竞争对手的信息特质，再将其和空间展示的动机及目的联系起来考虑，使这种独特性在理论上逐渐清晰和完整（图2-2-1）。

2.确立解读方式

在展示空间设计中寻找一个特殊的视角来分析和理解信息的内涵，通过独特的思维导向来规范信息的技术表现，使信息的差异通过具体的物化形式表现出来。其方法是，在明确信息的差异后，需要对信息的解读方式进行横向比较，在此基础上确立一个个性化的、独特的展示理念，并根据这个理念确定展示的主题（图2-2-2）。

二、强化主题信息

在当今信息发达的时代，人们已处在无序的信息流包围之中，对信息的感知变得麻木和迟钝，对信息的选择性也越来越强。现代信息传播的目的不仅仅是让人知道，而是要让人相信，让人动心，让人行动，这也是一切具有广告性质的策划的共同点。

1.信息的系统化

我们可以将信息系统化的过程理解为对信号(展示内容)的重新过滤和重新编码，并通过对重新编码后的信号进行放大再传达出去。展示的系统化就是围绕展示的主题，对展示空间的信息按照一定的思维导向进行梳理，使其成为特点统一、样式规范的有序的信息系列（图2-2-3）。

2.信息的形象化

信息的很多内涵在没被受众接受以前都是很抽象的概念，形象化就是使抽象的概念变成具体生动的图形和符号，其作用是让受众直观地"看到"信息，加深对信息的理解。信息的形象化主要表现在两个方面：突出形象、增强视觉冲击力，通过形象的展示和演示，帮助受众强化对信息的理解和记述（图2-2-4）。

图2-2-1　不经意的几件陶壶摆放在店门口，道出了店内的经营项目和文化品位

图2-2-2

图2-2-3　采用风琴式的形式展示墙纸，让观众解读信息时深感新意

图2-2-4 通过雕塑再现真实工作场景，有利于信息更直接的表达

图2-2-5 通过观众对产品的亲身体验，在互动的交流中，自然地接受产品信息

3.信息的互动化

现代展示不仅通过影像技术、数码技术、感应技术，而且还利用受众对现场的期望值来组织有趣的活动，如通过游戏等方式来表达与受众的交流，通过现场商业展示消除受众对信息的距离感，在娱乐中轻松地接受信息。实际上展示最独特的魅力就在于它的现场感，因为在展示空间中，不仅只有展示的内容，同时参观的人也带来了其他的信息，这种体验是鲜活而丰富的，充满了受众对展示的各种期望（图2-2-5）。

三、传递主题信息

信息的传递是否有效主要靠受众对展示的反馈，因此展示的信息传播是与受众合作完成的，你不能单方面将某类信息强加给受众，而且信息的传递要留有余地，所以好的展示并不是一味地穷尽有关自己的信息，而是以启迪性的方式来引导受众，要给受众留有思考的空间，同时思考还可以帮助记忆。在具体的展示策划中，应根据展示的动机和目的，对需要传达的信息量进行加法和减法处理，对表现信息的技术方式进行统一的规范和简化（图2-2-6至图2-2-10）。

图2-2-6　该展示空间外围不作任何信息传递，留下想象空间，逐渐使观众产生好奇及探究心理

图2-2 7

图2-2-8

图2-2-9

图2-2-10

第三节　展示空间设计的创意

空间创意设计能力是展示设计师智慧、能力、文化素质的集中反映，也是对空间设计全面掌握运用能力的体现。

一、空间思维创意

空间思维是人们通过视觉和感觉神经将记录下来的空间信息储存，然后将不同信息进行消化。当新信息涌入时，人的空间思维就会对新信息进行分析和判断，在不断注入新信息的同时产生变化，从而形成了派生空间思维。它改变了原有空间思维的状态，同时又被注入新的思维基因。它在反复循环的过程中使人的空间判断渐渐发生质的改变和发展，这个过程是人都能够做到的良性思维的循环过程。而不断思维循环过程的，将是拥有开放型空间思维的人。不断更新的空间思维构成了创意的基本元素，是创意空间的灵魂（图2-3-1）。

二、空间造型创意

空间造型是展示空间中最基本的要素，因为它会对整个空间环境产生巨大的影响。对于空间造型，其创意主要是视觉心理感受上的创意，即空间造型在人的视觉心理上造成的影响。空间造型创意可分步骤来进行。首先可通过简单的立体分隔来处理造型的问题，其次是通过各种立体几何形状的造型重新解构来创造新的造型。

三、空间尺度创意

在考虑空间尺度关系的时候，必须要注意人体对尺度关系的感知和适应能力，以及人体尺度要求的人体工程学。空间尺度创意就是改变现有常规尺度下的物体以达到奇特的视觉效果。当然，空间尺度关系处理得不当也会产生问题，如造成参观者的不舒适或参观者的忽略或不愿意观看展品等（图2-3-2至图2-3-11）。

图2-3-1　造型的创意起到了分隔丰富空间的视觉效果

图2-3-2　超常规的比例尺寸，让你的视觉很受冲击

图2-3-3　既统一又有变化的分隔形态，使你很受震撼

图2-3-4 让你进入特殊的体感空间

图2-3-5

图2-3-6

图2-3-7

图2-3-8

图2-3-9

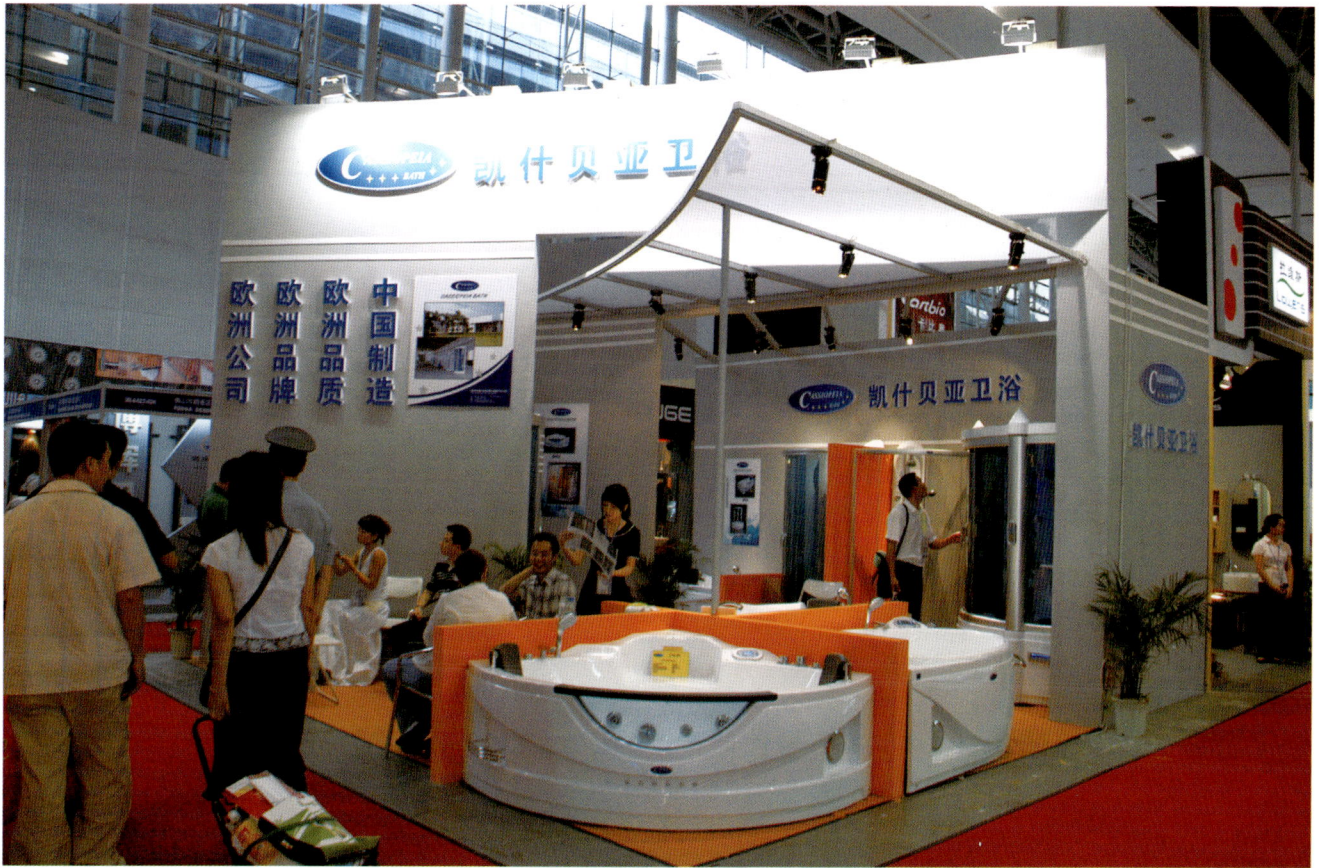

图2-3-10

图2-3-11

第 **3** 章

展示空间设计的规划程序

第一节 展示空间的整体与局部规划 设计

一、整体与局部规划

对展示空间的经营与规划,设计师必须全面掌握参展单位、展示主题以及展品的性质等情况,从而获得经营位置和展示形式的准确信息,以便进行定位设计。然后可以据此选配下列空间的组合形式。

1.大中套小

所谓大中套小,指的是大空间中套小空间的展示设计方法。这种配置所传达的信息应同属一类主题,因在大小空间中展品的陈列有主次与局部之分。通常小的展品更典型、更精致(图3-1-1)。

2.空间互为重叠

指两个以上的展出空间部分互相交叠的空间设计方法。这要求大部分展示内容相关,有共通之处(图3-1-2)。

3.空间共通连续

指展示内容在多个空间中无明确关系,但又不宜造成过于明显的场地界限时,可在空间与空间之间形成一种柔性的过渡形式,以达到空间信息转换之目的。

4.空间相邻接

指空间紧紧相连,但有明确的空间分隔界限,这种设计方法,一般适用比较性的展示。如同类产品,但品牌特色不一(图3-1-3)。

5.空间分隔

指展示内容可相对独立,采用空间各自分离的空

图3-1-1 大空间中套小空间

图3-1-2 空间共通连续

间设计方法,此方法可起到强化不同主题的作用(图3-1-4、图3-1-5)。

当采用上述各展示空间的设计方法时,先要估算各展示空间所需要的经营面积。展位在展场中的位置、周

图3-1-3 空间相邻接

图3-1-4 空间分隔

图3-1-5　空间多样组合方式的运用

边的展场、通道、空中高度等情况，再根据展品的数量及分类要求、人流预期数等诸多因素，及摊位成本，最后确定经营面积总数。

对于标准化展位来说，常见规格有：3米×3米、2米×5米、2.5米×4米等。对于个性展位，其面积可根据自身的情况而定，面积大小不一。对于博物馆等固定的展位陈列设计，其所需的空间面积分配更为宽松。展示设计要考虑空间的文化气息和氛围，以及带有演示观摩与研究学习的功能性质（图3-1-6）。

二、区域划分和展示空间配置

在总体面积和布局确定的前提下，再进行展示空间的区域划分和展示空间的配置。区域划分主要是指展示空间中不同要求的区域的具体面积和位置的分配。一般来说考虑到的

因素主要是空间之间的比例关系，如布展空间和工作区、通道、休息场所等空间的比例关系。

展示空间有很多功能性区域，如展示区、演示区、洽谈区、储藏区、通道、休息区等。所有功能区域的划

图3-1-6　标准展板和展位

图3-1-7 参观流程和工作流程要畅通

图3-1-8 展示空间和流通空间的比例要适当

图3-1-9　美术馆的空间由于观看距离的需要，空间相对要大些

分要考虑场地环境、流通情况以及相邻展区的关系等因素。在展示空间布局的基础上，根据各个功能区域的重要程度，确定不同地段的展出次序。面向观众的"展示区"一定是放在最醒目的位置，但同时要考虑参观流程和工作流程中，人流和物流的畅通，确保参展内容观看顺序的连贯性（图3-1-7、图3-1-8）。

展示面积与流通面积(通道和休息区)的比例关系根据展览性质、展示内容和观众人数等因素的差异有所不同。一般来说，通道面积是展示面积的3倍左右。具体说，观赏性的美术展，其通道和休息面积是展示面积的4倍左右；专业贸易型展览的展示面积与通道和休息面积的比例关系约为1:1～1:2。在展示空间中有大型展品或巨幅挂件时，通道和休息的面积要更大些；精制小型的展品展示空间中，通道和休息的面积则要小一点。而且通道和休息区的空间布置可以有些变化，有张有弛，从而缓解人们的参观疲劳（图3-1-9）。

三、展示空间平面规划的要点

1.以总体设计原则为前提，拟订总体平面设计方案。如空间构成形式、道具的造型以及局部设计与整体规划的风格一致（图3-1-10）。

图3-1-10

2.功能空间配置与展品的陈列，应按总的平面规划的次序以及展品本身的使用过程、生产流程和技术程序进行陈列。

3.人的视觉习惯和人的行走习惯是按顺时针移动，在陈列展品和展示信息时，往往遵照习惯，按顺时针方向布置展示排列顺序。

4.大型展品陈列应陈列设置于地面层之上，以方便配套能源或水源、气源的安装，并创造最佳视阈。

5.预算每日需容纳观众的数量以及观众的需求，将

图3-1-11

图3-1-12　道具造型以及细部设计和整体保持一致

人性化设计体现在展示空间平面规划中（图3-1-11、图3-1-12）。

四、展示空间平面规划的方法

1．线形布置法

线形布置法是沿着展示空间的周边界面不断延展的一种方法，可以产生一种单纯的清晰的参观线路。一般在博物馆、美术馆及专题性的展览中比较常用此方法。可采用串联式或并联式的参观动线。展品陈列为"中心向四周"的视角。线形布置法包括贴墙布置、甬道布置、橱窗布置、环形布置等。注意的是甬道的设置占用大量的流通面积，因为甬道是人流量较大的地方，所以一般在甬道较宽的情况下才可采用此方法（图3-1-13至图3-1-17）。

2．中心布置法

重点展品与精品常采用四周可观看的中心陈列的方法进行布置，所以又称为"中心展台法"。一般展出场地的平面呈几何图形，如方形、圆形、三角形、多边形。参观动线为多条的交会，构成形式可呈放射状、向心状，动线可曲可直。这种布置方法同样适合于比较大型的空间，使参观者能在短时间内从四周不同的角度参

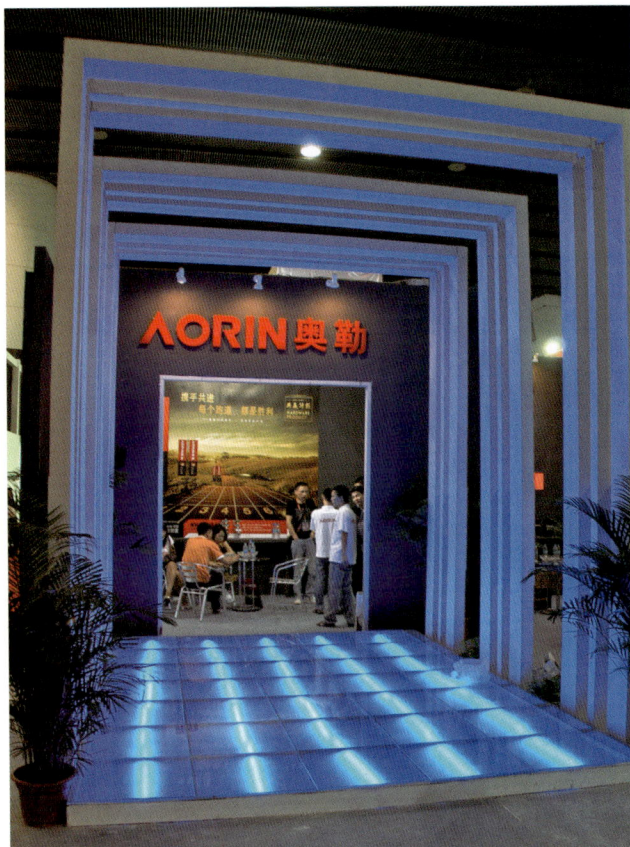

图3-1-15　用光突出甬道效果

图3-1-13　甬道布置

图3-1-16　橱窗布置

图3-1-14　强调线的反复

图3-1-17　环形布置

图3-1-18 环绕展具的中心布置

图3-1-19 多个中心散布在同一展示空间中

观展示的具体内容，并起到直接传达信息的作用（图3-1-18）。

3.散点布置法

由多个或四个面观展体所集合构成，采用特定的排列形式，或重复、或渐变、或对比、或协调。形成大小相同，穿插有致的平面空间，给人以活泼轻松的节奏感。散点布置法实际是中心布置法的延展，即是在中心布置法的基础上，将多个或多组可四周观看的展示内容分散布置在同一展厅里，展示的布置比较灵活多变，有利于创造展示空间轻松活泼的气氛（图3-1-19）。

4.网格布置法

采用标准展具构成网状结构的展示空间，且空间分割是按照一定的比例关系有序地排列组合而成，是经贸商业展常用的方法。网格布置法在国际通用形的展示空间中是比较常见的一种做法，以标准的摊位形式出现，适合较大的展示空间，是很短期的行为。这种展示的方式一般是标准化、通用化的组合道具。优点是能很快开展和撤展，也可以在规定的范围内进行个性设计（图3-1-20）。

图3-1-20

5.混合布置法

上列诸方法的综合运用，称为混合布置法。一般的情况下，展览单独运用某一种类型进行布置的情况较少，多数是以一种类型为主，兼有其他类型的混合式的布置（图3-1-21）。

图3-1-21

五、展示空间流线设计

（一）展示空间流线设计特点与要求

1. 展示空间的功能流线设计

由于展示性质、内容、规模、方式等的差异，展示空间的组成也各有侧重，但一般均包含以下几个部分，即展览区、工作区、观众服务区、通道、休息区、储藏区、后勤保障区等。各部分既有联系又相对独立。要注意各部分功能流线的合理规划，如处理恰当，则人流畅通、观展效果好；如果处理不当，则会发生流线交叉，造成人流拥挤和碰撞，引起展区混乱（图3-1-22、图3-1-23）。

2. 观众流线控制设计

控制观众的流向、流量、流速和布展方式是展示空间设计成功与否的关键。

①流向控制

观众对展览顺序的方向选择，一方面是根据自身的爱好、兴趣；另一方面是取决于布展空间的开放性与封闭性。展示设计时，对于逻辑性和顺序性较强的展品，或是整个展览中的主题馆，可采用封闭性的展览空间，使观众只能从一个入口进，一个出口出。即使观众只对部分展品不感兴趣，也只能加快流速前进，但方向不

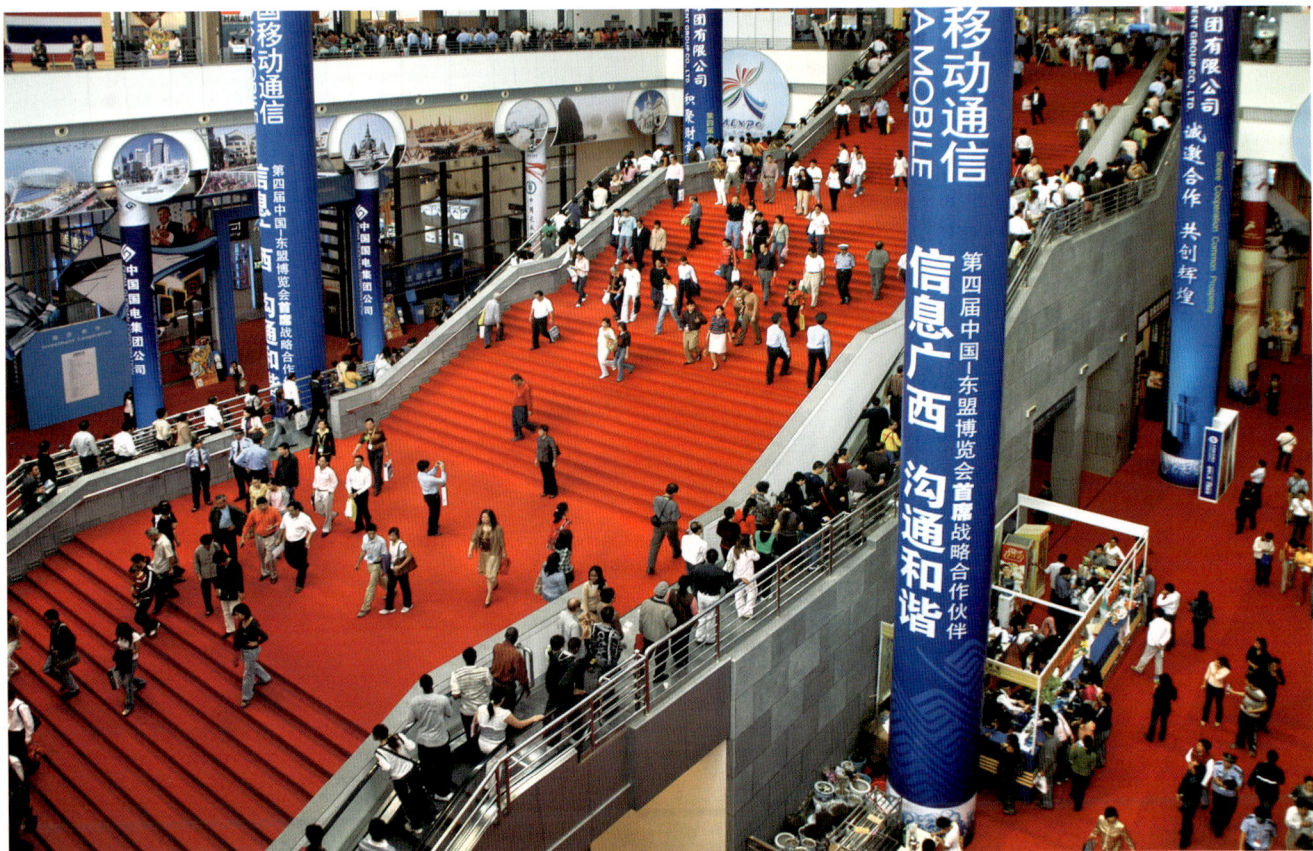

图3-1-22　合理的空间布置和流向安排，便于观众的交流参观

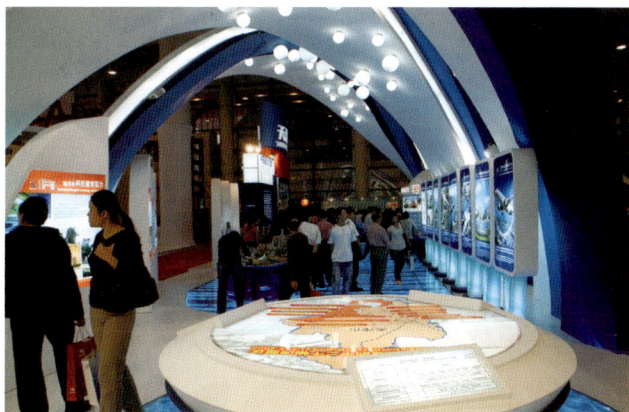

图3-1-23

图3-1-24　进出口可以控制流向

图3-1-25　用空间的大小来控制观众的流量和流速

变；反之，可采用开放型的空间布局，让观众有更多的选择余地（图3-1-24）。

②流量控制

根据人在空间大的地方容易滞留的行为习惯，可以通过控制展线通道的宽度来调整观众的流量。对展出的重点内容，展出前的空间位置可留大一些；对次要内容的展品，前面的通道可窄一点。

③流速控制

同流量控制一样，可以通过调整展品前的空间大小，或增强导向系统的刺激强度，让观众尽快流向下一个目标（图3-1-25、图3-1-26）。

④布展方式控制

通过控制展示空间大小、通道宽度等方法，达到控制人流的方向、流量和速度的目的的布展方式，适合于教育型、历史型的展览会，这是一种被动式的布展，观众是来受教育的。而对于主题是贸易型、美术型的展览会，应该让观众与参展者有一个交流、对话的机会，故

图3-1-26 用通道的宽窄来控制观众的流量和流速

要采用开放型的展示空间布局，让观众自主地选择他所喜爱的展点。为了使观众更多地了解展品，展位还是采用渗透式的方式，让观众深入展位的内部观看、操作、试用，并与参展者交流。这种透明度很强的开放型布局，是当今展会设计中的一种趋势（图3-1-27）。

（二）参观线路制定

有些展示只需要单体形态来达到展示目的，但绝大多数展示空间由多个单体形态组合而成，这就形成了空间的构成关系。这种构成关系除了形态的面貌以外，最主要的构成依据是展示空间的动线。动线指的是观众在展示中参观游览的路线。一条好的参观线路可使参观的人群在轻松的环境下和有效的时间段内完成整个参观过程。

一般来说，参观线路以更科学更节省参观者体力为主要目的。如果在展览的时候参观线路制定不好，导致参观者的体力消耗，甚至导致参观者无法看完全程展览。在展示空间中，合理地安排参观线路是展览成功的关键，因为展览空间是带有时间性的四维空间，从观众进入展区到观众离开，每一个段落都应该有不同的效果（图3-1-28）。

一般说来，参观线路大致可分为直线线路、环形线路和自由线路。

图3-1-27

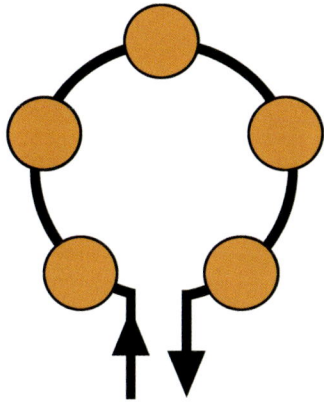

线形布置的线路 　　　　　　　　中心布置的线路 　　　　　　　　混合布置的线路

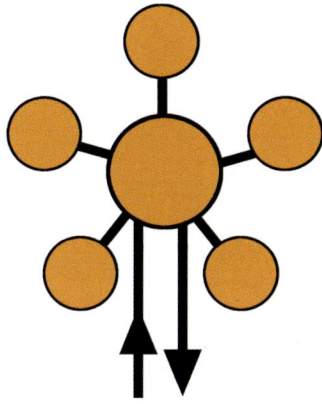

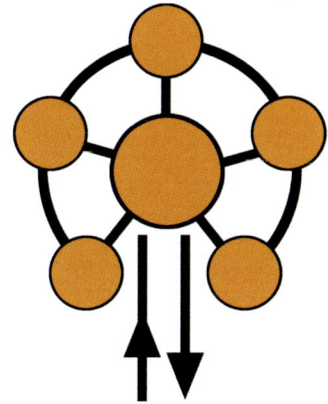

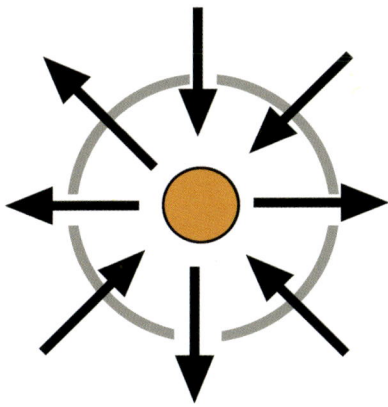

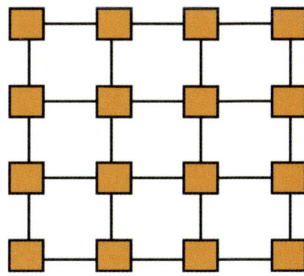

单一中心布置的线路 　　　　　　网络布置的线路 　　　　　　散点布置的线路

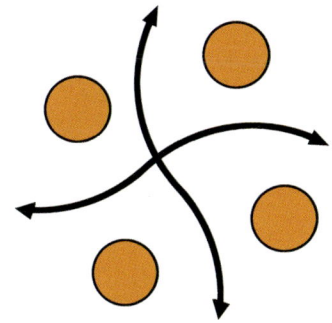

图3-1-28

1.直线线路

　　即穿越式线路。空间的入口和出口在不同的两侧，观众从入口进入后，不论怎样流动，最后从另一侧出口离开，不用再回到入口另一侧。这种流线较适合狭长的展示空间，展示主体一般都在两侧摆放，人流一般不会有太大冲突。是比较简单的流线形式。

　　直线流动的展区在平面布局上分为两种：一种是对称式布局，采用这种布局，使流线通道较明确，但略显呆板；另一种是不对称的，显得错落有致（图3-1-29）。

图3-1-29

2.环线线路

在一些三面合围的空间里，入口和出口同在一侧。观众进入展区之后，经过环线流动，又从同一侧的出口离开。环线流动的展区布局比较复杂。理想的参观线路，要能使观众按顺序遍观全体，将观众视点集中于陈列中心，尽可能避免观众相对流或重复穿行。

参观线路的方向要依据展览脚本大纲的顺序和文字横排的特点由左向右按顺时针方向延展，不能时左时右，使观众找不着首尾。线路区域的划分，应单纯而有变化，必要的转折、曲线可使空间单元明

图3-1-30

确，重点突出，使观众注意力集中。但过于弯曲狭窄时，会造成杂乱拥挤的现象（图3-1-30）。

3.自由线路

当展示规模较大时，可提供参观线路，而具体的参观线路由参观者自由选择。在一些规模较大的博览会中大都无

固定的参观线路，仅规定出入口和设置导向板，即使观众未按规定参观行走亦不加干涉，因为此类展览活动规模较大，内容较广，若不考虑观众的兴趣，使其处处受到约束限制，既不尊重观众，又降低观众的观赏兴趣（图3-1-31至图3-1-42）。

图3-1-31　自由线路

图3-1-32

图3-1-33

图3-1-34

图3-1-35

图3-1-36

图3-1-37

图3-1-38

图3-1-39

图3-1 40

图3-1-41

图3-1-42

第二节 展示空间的指示
导向规划设计

一、展示空间的指示导向系统的功能特性

1.可辨性

可识别性是对展示场馆的指引系统的基本的功能要求，它具体表现为以下几个方面。

①满足人们对环境信息选择的需求

展示空间里包含各种信息的传递，还有安全、交通、疏散等配套的设置，它们共同构成了展示空间的环境信息。

然而人们对信息的需求是有选择的，在不同的时间和空间中有不同个体、不同的选择目标。当观众进入不同的展示场馆时，首先选择的是他最感兴趣的展品，当过分拥挤时，观众最关心的是安全和疏散问题。因此展示场馆的指引系统应明确满足观众对环境信息的选择需求（图3-2-1）。

②满足人们对环境感知的需求

展示场馆中各种环境因素作用于人的感官，引起各种知觉效应，当刺激量太弱时，则不易引起人们的感觉，在多种因素刺激下，人们首先感知的是刺激量大的因素。

因此，对展示场馆的设计首先要保证展品对观众的刺激，以引起人的感知。例如，展品的光和色对观众的刺激比其背景对人的刺激还弱，则观众首先注意的是展品的环境，而不是展品。所以展示场馆中的背景环境多是采用低照度、冷色系，也就是这个道理。空间的形态处理也是这样，不能使展示场馆的形态过于奇特（除非陈列空间本身就是展品），以免干扰观众的视线，故多数展示场馆的空间形态多是比较简洁、完整的（图3-2-2至图3-2-4）。

③满足人们对环境信息把握的需求

对环境信息的把握是人的基本需求之一。一个易识别的环境有利于人

图3-2-1 场馆信息明确 展区易于寻觅

图3-2-2 展示信息简洁

图3-2-3 空间形态醒目，展示内容一目了然

图3-2-4 强烈的图形识别性，便于观众寻找目标

们形成清晰的感知和记忆，对于空间定位、流动和寻找目标都有积极的影响。特别是对大型的展示会或空间繁杂的博物馆，人们无法凭着简单的视觉巡视就能清楚地把握环境、明确自身的位置。因为人们对环境信息的同时识别是有限的，人的注意力一次能够涉及的范围一般不超过6~7个目及物，所以，在展示场馆设计时，要有明确的指示图、清晰的导向系统，以便观众能清楚地把握自身的位置和寻找目标。

2.坐标性

人在广阔的展示空间里能明确自身的位置，主要依靠对展示场馆的定位特性有较好的记忆，从而能判断下一个寻找的目标和确定转折点或前进方向以及出口的所在位置。因此，展示场馆的指引系统应具有较良好的坐标性的定位。展示场馆的坐标特性有以下几点。

①地域空间位置

人的定位是相对于参照物而言，如果展示空间的大小、形态都一样，则观众很难从空间上判断自己的所处位置。如果展品的陈列环境也一样，则观众就很难从陈列环境中加以判断。相反，不同的展示空间有着自己的特点，或在同一空间里，局部形态有一定的标识，这将有助于观念判断自身的位置。所以，展示空间的设计应有一定的特点和标识系统。

②便捷路线

要使观众较快地明确自身位置，这就要求展线设计

简洁，不能过分曲折，否则，会造成"迷宫"，使观众多走回头路。

③标志性

展示中的特殊视点是指示展示设计中的特殊位置和该位置的特殊形态和标识，主要在三个位置：出入口、区域判断点和转折点（图3-2-5至图3-2-8）。

二、指示和导向系统类型

在一个大型展示空间里，并行排列的各个展位多达八九个，观众由入口进入展厅是很难把握自己的所在位置。即使是有明确的指示图，对于观众而言也是很难确定展区的空间位置，这就需要良好的导向系统。

1.依区域划分

展示空间的导向系统分为水平导向系统和垂直导向系统。

①水平导向系统

指在水平方向上由各平面的组成元素构成的整体系统。它包括入口引导，总体及楼面分层介绍、出入口标志以及休息区、电话亭、洗手间、服务台、娱乐活动区、专卖柜台等导向指示。

②垂直导向系统

指在垂直方向上由纵向构成元素组成的导向系统，主要包括电梯升降显示、楼层显示、自动扶梯等。

2.依人的感观功能划分

根据人的感观功能设置导向系统可分为视觉导向系统、听觉导向系统和特殊导向系统。

①视觉导向系统

视觉导向系统包括文字导向、图形导向、光色导向、影像导向等。文字导向是最明确、最直接有效的方法，从室外的展示招牌到入口的内容介绍，无所不包。图形导向包括各种标志、广告、招牌。光色导向是利用灯光、色彩进行直接明了而形象逼真的导向。影像导向是集声音、图像为一体的导向方式。

②听觉导向系统

即利用声音方向的特点，指示空间的方向，还可以渲染环境气氛。如果能同光色导向结合使用，则导向效果更好。

③特殊导向系统

这主要是为盲人和肢残者设置的无障碍导向系统。它包括出入口的坡道、电子显示、专为盲人设计的停步和方向的提示块等。随着科学技术的发展，还会发展到用机器人做导向（图3-2-9至图3-2-15）。

图3-2-5

图3-2-6

图3-2-7

图3-2-8

图3-2-9

图3-2-10

图3-2-11

图3-2-12

图3-2-13

图3-2-14

图3-2-15

第 **4** 章

展示空间设计的基本构成和设计方法

现代展示空间构成样式的营造，已从过去的单一、平凡和封闭，趋向多层次、开放式和多元化。展示空间构成样式的这一变化，是与展示功能的演变密切相关的。一个展馆，不管其规模大小，其空间构成一般不外乎以下几个部分（图4-1-1）。

第一节　展示空间的基本构成形式

一、馆围空间

广义地讲，馆围空间包括展馆上部空间和展馆周围地域空间两部分。展馆上部空间是展馆建筑形象的延伸与扩展，其照明功能的实现更使之增加魅力。展馆四周地域空间主要指展馆正门前的广场所占据的空间（图4-1-2、图4-1-3）。

二、展示空间

（一）室外展示空间

一般是在室外搭建的临时展示场所，如交通工具，一些大型的机械设备的展示，新技术、新材料、新工艺的推广等。

（二）室内展示空间

1.序列式展示空间

这种展示空间从入口到出口，空间的安排依展示信息的逻辑而定，即从大门、序馆、按大小主次排列有序的一个个展厅（或展区空间），前后序列分明。这类展示空间，一般适用于给人以系统完整印象的陈列馆、纪念馆和汇报展览等，给人以庄重、严谨、时序与逻辑之感。

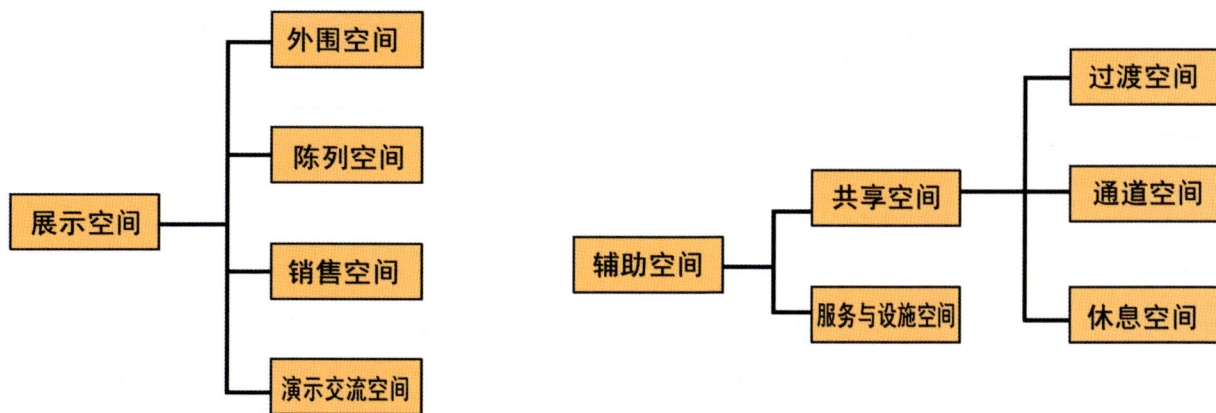

图4-1-1　展示空间的构成形式

图4-1-2　利用展览馆外的宽大空间，展出一些特别重型的机械设备

图4-1-3

2.组合式展示空间

这种展示空间即各个展馆（展区）空间，次序不分先后、无所谓主次、组合自由、走线任意，观众根据自己的意向而随意走动，给人以随意、开放、轻松自由之感，因而适合于具有自由选择、充分观赏之特点的博览会、展销会、交流展示会以及美术陈列等（图4-1-4）。

三、演示交流空间

（一）演示空间

演示空间设计视具体情况而定。大型的演示，像博物馆、纪念馆、时装表演一些特定的多维演示，就应有专门供表演和观看的大空间。小型演示如刺绣、篆刻、编织等，在空间有限的情况下，往往不另设演示空间，多在展位内选一隅作演示。

有些演示，如食品的制作，生产的过程，不便或难以现场操作表演，可拍成录像，在某一展示空间部位播放（图4-1-5至图4-1-7）。

（二）交流空间

现代会展的功能要求提供为专业人员进行研讨、交流的场所，有些还需要专门的空间、配备相应的设施（如放映、多媒体设施等）。

图4-1-4 开放式的多功能展览馆，给人以轻松自由的选择参观

图4-1-5 在展览馆设置演绎场所，便于参展商的宣传

图4-1-6 将大型设备做成模型，配以多媒体演示

图4-1-7

四、辅助空间

（一）共用空间

1.走道空间

展馆内的走道空间，犹如田野中的河流小渠，通畅其流十分重要，走道空间的大小、流向是由多种因素综合决定的：

①观众流量、流向。

②展览的空间大小与分布。

③展览的目标和性质（欣赏性的、贸易性的和零售性的）。

④重点展品的最佳视阈、视角、视距。

⑤演示的吸引力与演示的时间。

2.休息空间

一般设在过渡空间或设在展览空间内，以方便参观者随时休息（图4-1-8至图4-1-12）。

（二）服务设施空间

因性质与规模不同，服务项目及规模也不同，大型展示场所往往设有售卖部并提供通讯、海关、金融、保险、餐饮、娱乐等服务，以满足观众的需求。

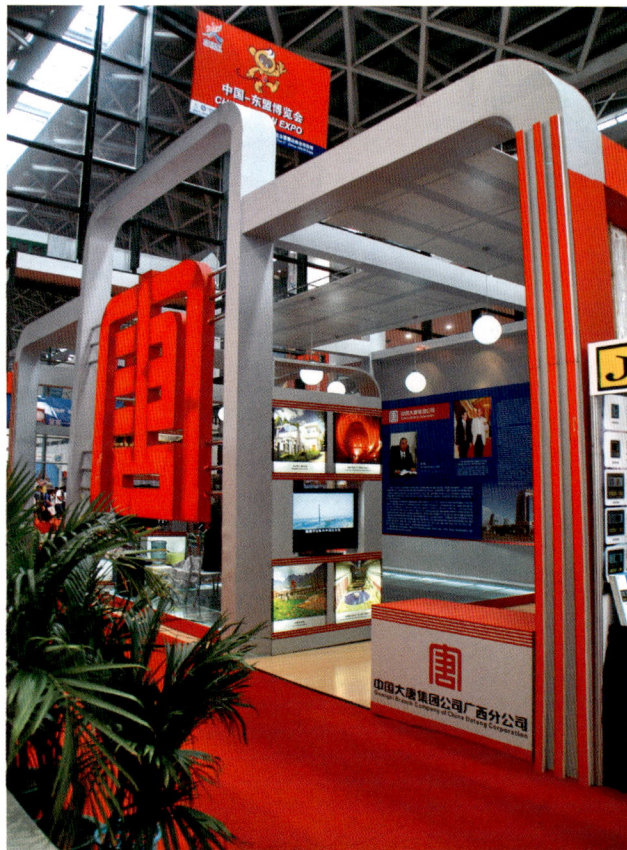

图4-1-8　过道上摆放绿色植物另有一番情调

图4-1-9　一举两得的休息空间

图4-1-10

图4-1-11

图4-1-12

第二节　展示平面与立面空间设计

设计图是设计者用来表达自己的设计意图，并通过形象化和符号化的方式表现的最直接、最有效的方法，是工程人员施工的依据。任何奇妙的想法和构想都必须以一定的视觉图表现出来，并通过它有效地传达给观众，因此设计师必须掌握制图、电脑表现图等一些设计的表现技法，才能使自己的设计得以实现，这也是一个展示设计师应具备的基本能力。

平面图与立面图

展示空间是由长、宽、高三个方向构成的立体空间。为了能准确、全面、完整地反映它就必须利用正投影的原理绘制出空间界面的平面图、立面图（图4-2-1）。

（一）平面图

平面图即展示空间这个构筑物正上方到地面的投影图，通俗地说，就是从空中

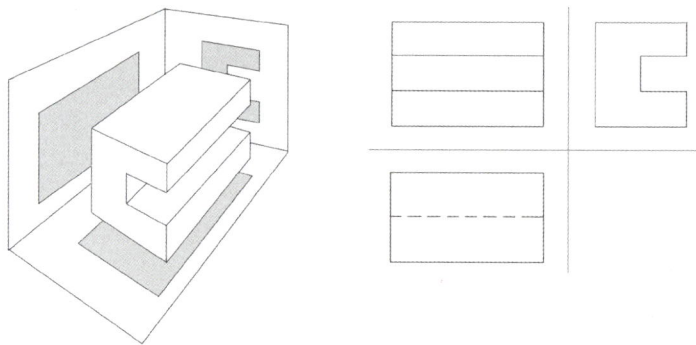

图4-2-1　正投影原理

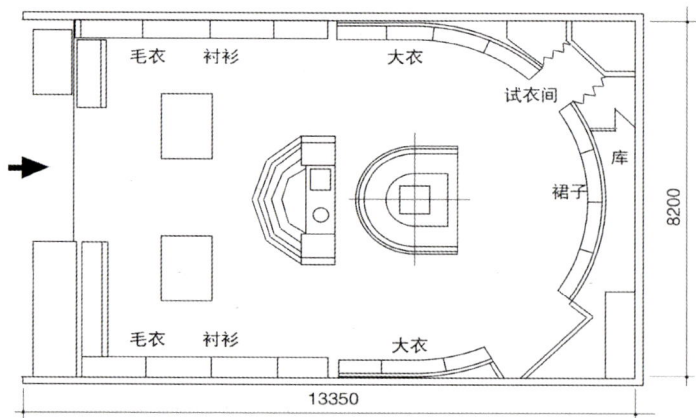

图4-2-2　某服装专卖店单平面图

垂直向下望的俯视图，它主要表现展示空间占地的大小，内部的空间分隔，道具在空间内部的位置、大小等。平面图分总平面图和平面图；总平面图主要指各分馆、各区域或局部摊位的平面布局关系，主要表示朝向，参观路线顺序，围合界面的厚度、大标志、开口部等。平面图是指各摊位的内部空间分隔、展具的位置、大、小。

绘制平、立面图要求使用专业的绘图工具，在图纸上的线条必须粗细均匀、光滑、整洁、交接清楚。目前，展示设计的制图一般遵循建筑制图的规范（图4-2-2）。

平面图的绘制往往要经过草稿、初稿而定稿的过程。

1.草稿

草稿平面图也是在纸上构思设计思想的一种方式，设计师了解了设计对象的各项条件后，要拟订各项设计方案，把每个设计方案快速绘制成平面图。

2.初稿

是在草图的基础上进行比较取舍以达到最佳效果，初稿完成后，应等立面图、透视图等全部完成后，再做最后定稿。

3.正稿

即将完成的初稿通过直尺等绘图工具及绘图软件按比例工整地绘制平面图，为了渲染平面图，显示设计的谐调性，有时正稿也可以着色（图4-2-3至图4-2-6）。

（二）立面图

立面图就是展示空间建筑的正立面投影图与侧投影图，通常按各立面朝向，将几个投影分别叫做东、南、西、北立面图。展示空间的立面图包括展位的长、宽、高尺寸，围合界面、展示道具的尺寸、形状、饰面、材料及做法，还包括照明方式、光源的位置以及各种标志、标牌、装饰物的形态等。

绘制立面图应注意以下几个问题：

1.由平面图直接引出的立面图完全依照平面图的比

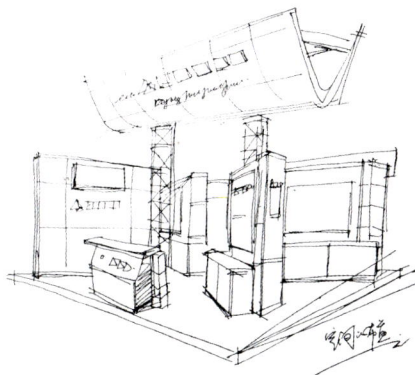

图4-2-3

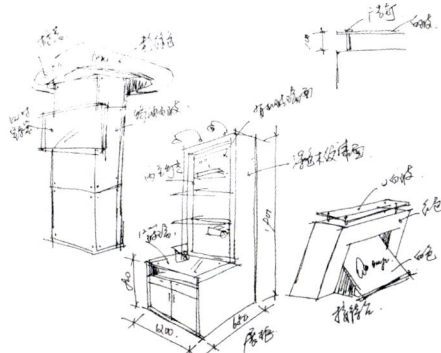

图4-2-4

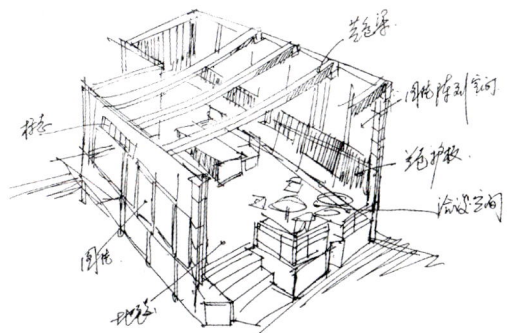

图4-2-5

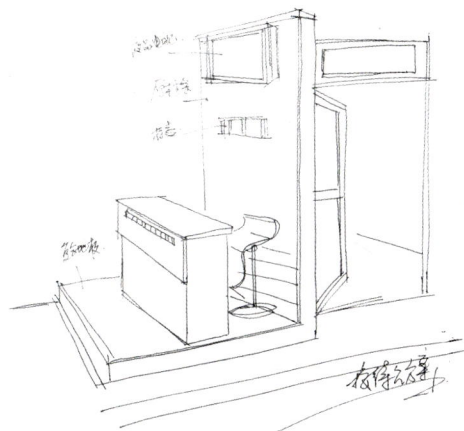

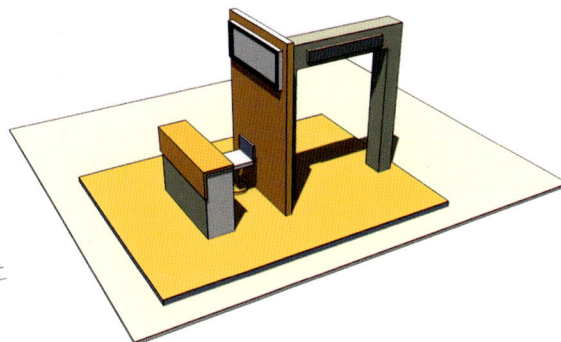

图4-2-6 用手绘完成后，再用电脑做个简单的形比较

例，间接引出时，根据实际情况放大比例。

2.如整幅立面都有纹理或间线，可以只画一部分或仅在轮廓线旁边表示，但材料名称必须以文字说明。

3.在曲折的立面上如有可见的厚度，用线直接由平面引出，同时，由于曲面在立面图上引起"缩形"会造成与实际宽度不同，切勿以为这是绘图上的错误。

4.在立面图中画进人形，既可以对比衬托立面图的各项设计高度，又可以增加设计图的趣味性，但人形必须选择立面装饰最次要的地方，以免妨碍视线。

5.立面图也应画出若干跟设计相吻合的饰物，美化画面，但不能画得真美，以免喧宾夺主（图4-2-7、图4-2-8）。

立面图的绘制通常也要经过草稿、初稿、正稿过程。平面图和立面图设计互相关联，虽然平面图在立面图之前，但是立面图设计有时也反过来影响平面图的设计，这时就要修改平面布置图了。

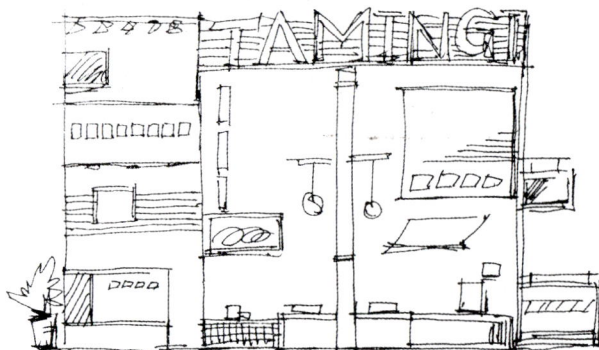

图4-2-7　立面草图

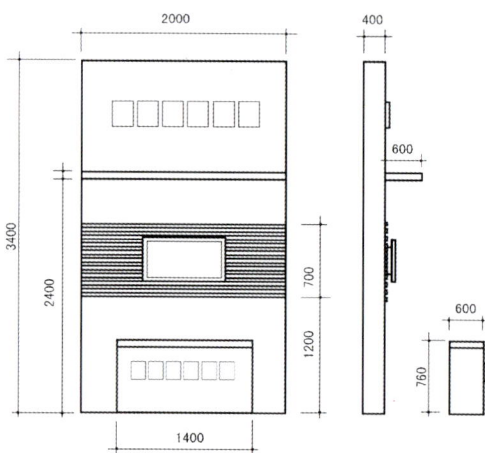

图4-2-8　立面图

第三节　展示空间设计的艺术处理手法

展示空间设计是一种视觉造型艺术，它必须以一定的具体视觉形式来体现，并力求给人美的感受。因此通过艺术的处理手法，即对一定形式法则的运用的了解十分必要。它可以帮助我们在设计中加以运用、取舍、提炼素材，深化展示理念。

一、展示设计中视觉元素的运用

（一）点的运用

点在视觉中是最基本的元素，也是展示空间设计运用较为广泛的视觉元素之一。点有大小，不同的大小点，分别有不同的视觉效果。点有聚散的作用，具有较强的视觉张力，点的聚集形成面，点在展示空间中能显示它的灵活性，活跃空间气氛，弥补空间的单调、呆板，点通过疏密的组合可以形成强烈的节奏并造成空间的进深感（图4-3-1、图4-3-2）。

在展示空间中构成点的效果因素很多，除版面、道具之外，自由陈列的作品、突出的品牌标示、虚空间的处理等都构成了点的效果，充分利用点的视觉特征，互相配合，就能够有意识、有目的地引导观众的视线，美

图4-3-1　点的不同间距的组合，形成了不同的视觉效果

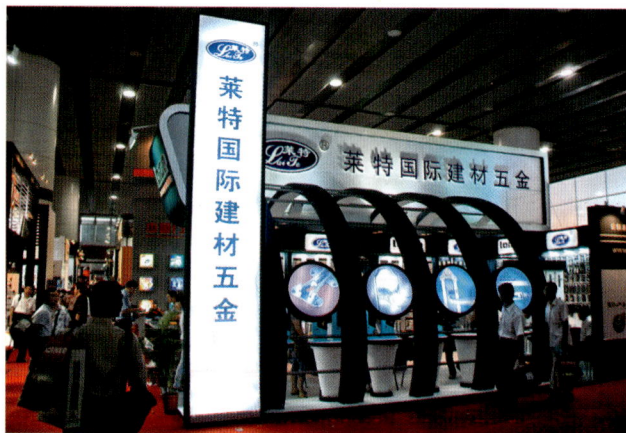

图4-3-2　线与点的结合，产生不寻常的效果

化、完善空间。尤其在版面的布置中，对活跃展示空间气氛有着积极的作用。

（二）线的运用

线有直线和曲线，不同的线给人以不同的视觉效果。直线是视觉中最常见的现象，也是展示设计中运用最广泛的视觉元素之一。不同类型的直线有着不同的视觉效果，秩序排列的直线具有明显的秩序感，并且能有效地统一展示面。由于人的视觉习惯作用，水平线与垂直线则更多地具有分隔画面、分隔空间的作用，水平线与垂直线相交能划分不同大小的面（图4-3-3至图4-3-5）。

曲线相对直线而言更趋向自由、活跃，由于曲线的曲率不同，曲线呈现出各种不同的视觉效果，弧线越大的曲线张力越强，弧度小的曲线给人以平缓、暖和的感觉。在展示设计应用中，曲线可以改变由单线、直线造成的冷峻、严厉的气氛，能有效地改变造型空间的形成，丰富整体效果，协调展示空间造型以及版面的设计。

（三）几何形的运用

几何形包括圆形、三角形、矩形等。因为不同的几何形有不同的效果，在设计中要充分利用各自的视觉特征。

圆形是一个被连续曲线包围的形状，圆可以是实

图4-3-3　水平线具有很强的纵深感

图4-3-4　当线的密度达到一定的程度后，会产生很强的节奏感

图4-3-5　曲线应用得好会产生浪漫的情调

心的盘球，也可以是圆形，从多角度去看，都具有良好的视觉效果，这一点在展示中有很好的适应性。圆形可以引申出球形、扇形、椭圆形等，它们之间有很好的协调关系。由于圆形有较强的视觉张力，与其他形对比使

图4-3-6　注意几何体在细节上的应用

图4-3-7 半圆弧的连续应用产生了很美的节奏

图4-3-8 球形的空间具有神秘的感觉

图4-3-9　三角形的运用具有很强的稳定性

图4-3-10

用，较能形成视觉中心（图4-3-6至图4-3-9）。

三角形是最具稳定性的形。具有稳重、向上、安全之感，是立体空间造型中最常见的形态。等边三角形给人一种极其稳定的金字塔般的感受。对于等腰三角形而言，若加长腰的边长，会产生耸立向上的势向。三角形的三个边角变化，会产生不同的视觉效果。如果改变等边三角形的边长产生不对称、向一角倾斜的势态，给人一种生动之感。将三角形倒置，则完全会打破其稳定感，造成不稳定的视觉效果，因此，三角形在实际运用中需考虑它放置的角度。

矩形是展示设计中最常见的造型之一，展示中矩形实际就是两种状态，即长方形和正方形。展示设计中基本上是用大小不同的矩形进行组合，每个矩形视为一个界面，在大的界面里分隔成许多小界面，也可以是大小不同的方形组合在一起。在展示中出现的长方矩形常被视为某一展示内容的"外框"或界限；在文字形、图片的版面上，矩形常被作为展示内容的主要排版形式；在展品陈列中，则作为背景处理。

在展示设计中，几何的运用不是单一的，往往是几何形的综合使用、互相结合才能创造出一个既有统一又有对比的和谐空间或平面视觉效果（图4-3-10、图4-3-11）。

二、展示设计中的形式法则

形式法则是客观世界固有的内在规律在艺术范畴中的反映，是人类在艺术实践活动的艺术形式规律及美感法则的总结和概括，它具有一定的稳定性，是人们从事艺术创作的形势构成的基本法则。

展示设计是一项视觉造型艺术，它同样是以形式构成来体现，并力求美感。因此，对美的形式法则的了解和学习，能有效地帮助在展示设计构成中如何运用美的形式法则构建展示的艺术空间。

（一）比例

造型艺术上的比例指的是量之间的比率，如长度、面积、体积等。在展示中，不仅各种版面的设计存在着比例关系，而且展示的空间设计、展品的陈列、空间与陈列品、人与空间关系等方面都存在着比例的协调。

早在古希腊时代，人们就开始了对比例的研究。希腊人试图用数理化的方法寻找一种理想的比例关系，"黄金分割"就是其成果之一，雅典的帕特农神庙中

图4-3-11　几何体的综合应用要注意协调和统一

图4-3-12　几何形的综合运用可创造出丰富效果

图4-3-13 比例在造型艺术中的运用

屋顶高度与屋脊长度，便体现了这种黄金分割的比例关系。此项比例在日常生活中也被广泛地运用，如许多印刷品和绘图的纸张都以此为长宽比例。

在现代设计中，许多法则都已经从"黄金分割"的比例中摆脱出来，而且根据视觉艺术的规律和设计的具体要求来分配比例，追求新的视觉效果和设计的多元性（图4-3-12、图4-3-13）。

（二）对比与统一

对比是艺术的重要形式法则。所谓对比，是指性质相反的各种要素之间的比较，是表现形式之间相异性的一种法则，它的主要作用是构成产生生动的效果并使之富有活力，相反性质要素在比较中，其相异的特点因比较而更加明显。

对于展示来说，对比的内容十分丰富，有形状的对比、尺寸的对比、位置的对比、色彩的对比、方向的对比、肌理的对比等。它们具体体现在空间、展品、展具、标牌、背景等组合关系之中。

展示活动的本身即是各种要素对比的一种组合，同时在设计过程中，有意识地强调对比，弱化另一些对比，使展示的视觉效果达到预定的设想，这也是展示设计的工作实质。

对比实质上是一种矛盾的强化，而与此相反的法则，就是"统一"，既是矛盾的弱化，也是矛盾的调和。在视觉范畴中，统一也意味着在矛盾和对比的视觉要素中寻求调和的因素。

对比与统一是形式构成最为重要的法则，是形式美感法则中的中心法则，它包含着其他法则中的所有内容。因此，为了获得展示的整体效果，我们采用各种手法来获得统一的目的，如在总体设计中运用色调的统一、形式的统一、版面的统一、道具的统一、材料的统一等，在统一的基础上，可运用局部的对比来活跃气氛。对比与统一在形式构成中两个因素是相辅相成的，过分的统一会造成呆板，过分的对比会造成视觉的混乱，尽管两个方面处于对立却又是不可分割的一个整体，但两者不能处于等量齐观地位。如追求新颖、刺激，即可加强统一中的变化因素。如追求安全、平和，则可强调对比中的统一因素，对比与统一是相互依存、相互制约和相互作用的关系。它最突出的表现就是谐调，而这里的协调并非消极的对比和简单的协调统一，而是积极的对比，使互相排斥的东西有机地结合。因此要认真研究和掌握对比与统一的相互关系，并有效地运用于展示形式的构成之中（图4-3-14）。

（三）节奏与韵律

节奏是连续出现的形式组成有起有落的多次反复，

图4-3-14　节奏的运用

是客观事物合乎同期性运动变化规律的一种形式，通过展示空间构件的大小、高低及不同色彩构成强烈的节奏。

韵律则是有规律的抑扬变化，它是形式要素系统重复的一种属性。

节奏和韵律是既有区别又有相互联系的形式，节奏是韵律的纯化，具有单纯和明确各种形式要素的特征。韵律是节奏的深化，是情调在节奏中的运用。如果说，节奏是富于理性的话，那么韵律的主要作用就是形式产生情趣，具有抒情的意味。

在展示设计中，节奏与韵律感的营造是需要细微体验的。如空间的节奏和韵律是借助空间体量变化以及运动的过程和体验者运动速度的变化所产生，而像色彩的节奏和韵律则是通过明度、纯度和色相三者之间的变化而形成的。

在展示设计中营造出节奏与韵律的感受，就需要设计者去体验在各种视觉因素中存在着的节奏与韵律变化的依据，然后用艺术的手法加以强化和塑造（图4-3-15至图4-3-26）。

图4-3-15　节奏与韵律

图4-3-16　节奏与韵律

图4-3-17　节奏与韵律

图4－3－18　风格各异的接待工作台

图4－3－19　强烈的明度对比更易于展品的表现和突出

图4-3-20

图4-3-21

图4-3-22

图4-3-23

图4－3－24

图4－3－25

图4－3－26

第 5 章

案例分析

案例一

本案是一家经营五金设计及制造的企业，具备了一定的生产规模和社会知名度。从展场18米×15米达270平方米面积来看，在会展室内空间已属中型偏大规模的展位了。在整个大展厅里，本案处在一个十字路口，位置是很不错的，我们看到本案在空间及布局上有着与众不同的特点。本案的右边和后面与别的展位紧邻，在空间布局上如果采用自由式布局是不可能的，但本企业为了表明自己的一种大气及开放、透明的经营风格，同时展场的规模又有较大的空间，得需设计师下一番工夫，以达到大气、大度、明了、控制好费用支出的目的。

首先，我们来分析平面布局。在参观线路的制定上，其展示空间采取了线形布置的线路方法，无论你从左边还是右边进入，观众都能将左右两边所展示的产品很好地观摩。而洽谈空间和接待空间采取了散点布置的线路方法，无论是商家和客商、客商与客商之间的交谈都很方便和随意，能很好地处在一种较轻松的氛围之中。另外，由于展位的面积较大，为了让远处的观众很好地看清展品，设计师特别将展示空间地面抬高了25厘米，这样也给空间的区分有一个

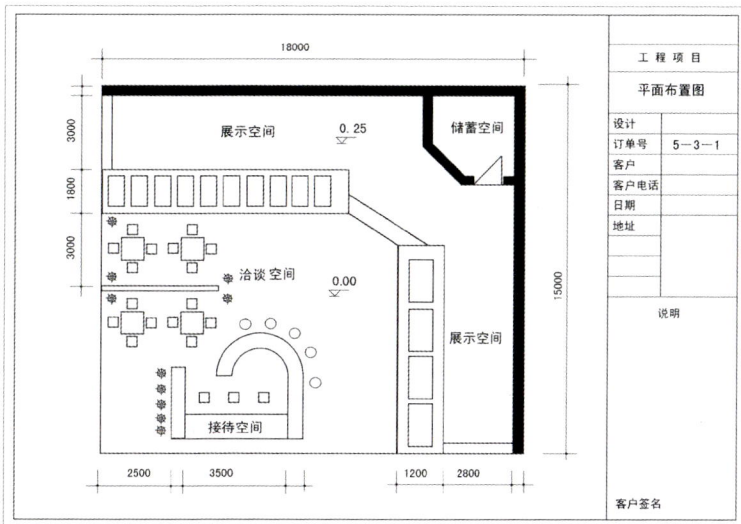

图5－1－1　平面布局图

图5－1－2　实景图

75

明显的交代。

其次，在空中的布局上很贴切地进行了构思。洽谈和接待空间上方不做任何装饰，直接敞开，利用会展大厅的空间，显得开阔明朗。而展示空间竖起两面高墙，一来是利用墙面更好地展示商品，同时与相邻的展位有个明显的隔离。二来局部的造型落落大方，利用高空更好地展示企业形象，也让更远的观众看清展位，更好地传递企业信息。敞开式的造型也为布展节俭了不少费用（图5-1-1、图5-1-2）。

案例二

本案是一家专门制造生产洗面盆的企业。展场面积有63平方米，从布展地理环境来看，在左右和下方都是有过道，为方便观众的参观，三面都有入口，能很好地进入展场。在接待台前留有较宽的空间，下方的布局用了几幅装饰墙半隔离，方便了展品布展，所营造的视觉空间显得错落有致。另在上方的空间内形成一个封闭式的场所，一来增加私密性，便于商贸洽谈；二来避免人流窜动。由于是封闭式的场所，避免有压抑的感觉，设计师特别在左右两边装上了从地面到顶的玻璃窗，加强了视线的通透性。洗面盆是布置在卫生间场所的主要洁具之一，为表现其效果，布展上营造实景环境很重要，所以几幅展墙的分隔划出小空间就十分符合情理了。整个空间布置主次分明，交错有秩，充分考虑到了行业的特点（图5-1-3、图5-1-4）。

案例三

本案也是一个生产洁具的展位，在参观展品的线路布置上，采取了散点布置的线路方式，便于观众自由地观看商品，几块横竖的隔墙，将展品很好地进行了划分展示，显得条块分明，前面的几根装饰柱，加强了视觉的通透性，避免了展墙的单调，丰富了空间艺术的表现力，展示了一种节奏艺术美的效果。展示展品的空间，在地面上作了适

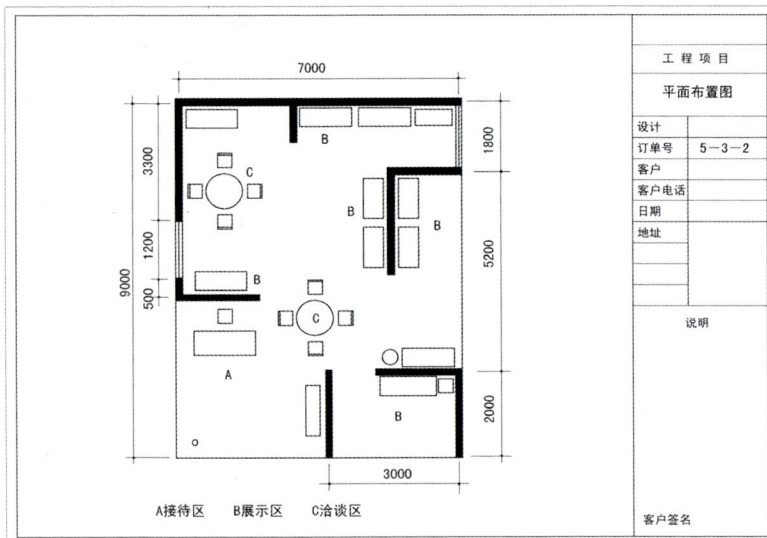

图5-1-3 平面布局图

图5-1-4 实景图

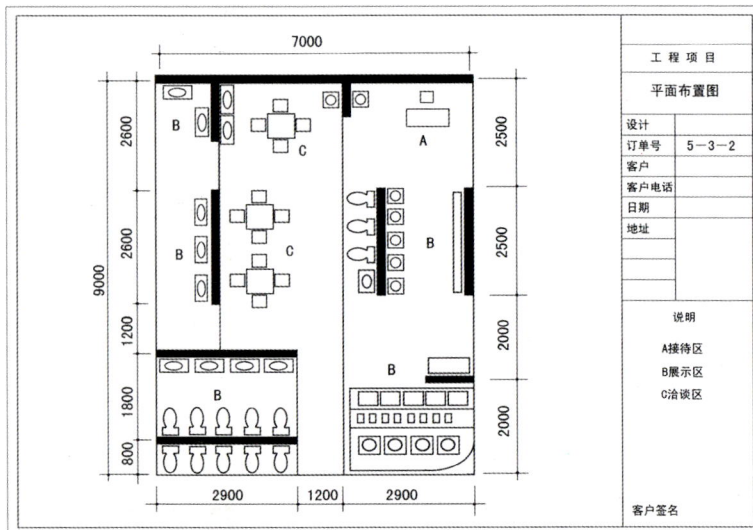

图5-1-5 平面布局图

当的抬高，有利于整体品位的体现（图5-1-5、图5-1-6）。

案例四

对于有形有样的商品来说，展示的布置相对来讲容易得多，而有些展品形样不是十分突出，要较好地展示，并把握其特性，抓住本质的东西展现出来，得用心思索。本案就是一例较为特殊的商品。

本案的展品是艺术复合砖和艺术板材。作为单件的商品，它是不好展示的，只有以组合的形式才能表现出效果，如果按常规的展示方法，拼装排列，不但显得单调，没有新意，艺术板材的艺术效果是无法体现的。好的艺术效果离不开好的艺术形式，本案的设计师在这方面作了较好的尝试。

首先从它的平面图看，展场中央有一个大的圆柱，十分影响布局安排，但这样的形状也有其个性特点，将势利就，彰显个性，以中心布置的线路方法规划展场，三面入口，观众方便进出，大胆的倾斜几何体将圆柱包围。柱的前方作为展区和接待区，正对主展道上的人流，而柱后划为洽谈区，地面用钢化玻璃架抬高，配上地光照明，伴以墙立面的艺术复合砖，营造了一种十分时尚的体验。

其次，在空中的布置上也很有创意，大胆用竖长几何体，排列组合，高耸天空，节奏感强，无顶的装饰更透气和通畅，而艺术复合砖和艺术板材在竖长几何体上得到了更好的表现，在较远的地方也能很明显地吸引人们的注意（图5-1-7至图5-1-8）。

案例五

本案是展示一家经营门锁的展示空间，和大多数展位一样，只要周围条件合适，都会敞开入口，方便观众观看。在空间的布局上没有太多的表述，但在艺术的表现方面却有着自己的特点。

首先我们从它的正对接待处的入口处来看，入口的设计与突出行业特色设

图5-1-6　实景图

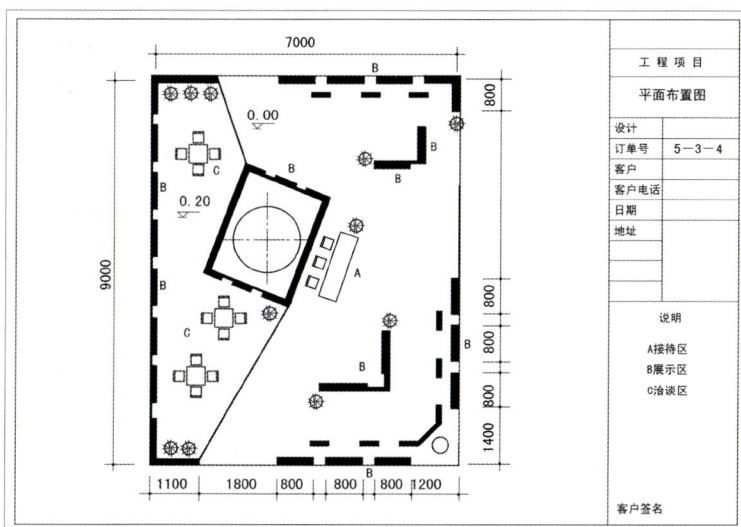

图5-1-7　平面布局图

图5-1-8　实景图1

计要求十分吻合，倾斜的门样入口，视觉十分醒目，全黑的玻璃墙面，显得宁静而高贵，左边有节奏的展板展示着门锁，将点与面完美地结合，展墙既隔断又通透，将点线面和几何体艺术造型较好地得到了发挥，配以适当的绿化布置，整个展场温馨怡人，和谐光彩（图5－1－9至图5－1－12）。

图5－1－9　实景图2

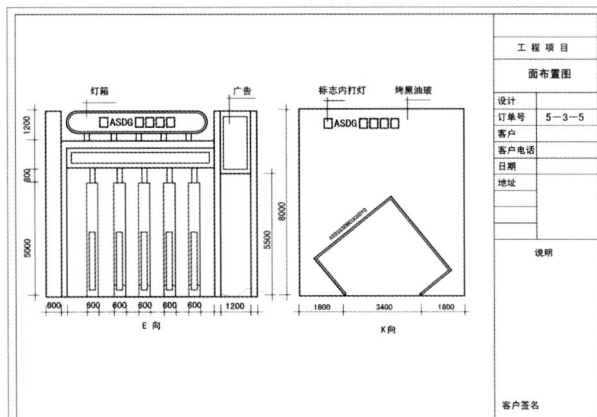

图5－1－11　立面图

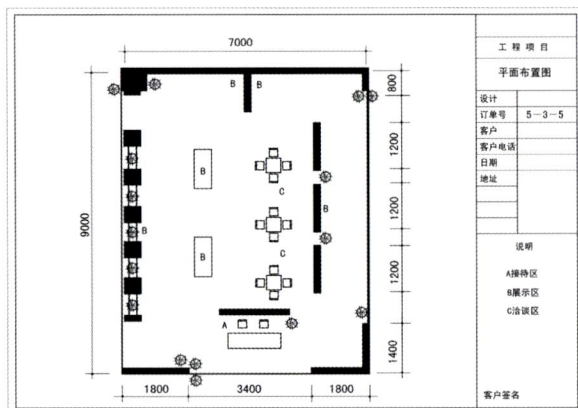

图5－1－10　平面布局图

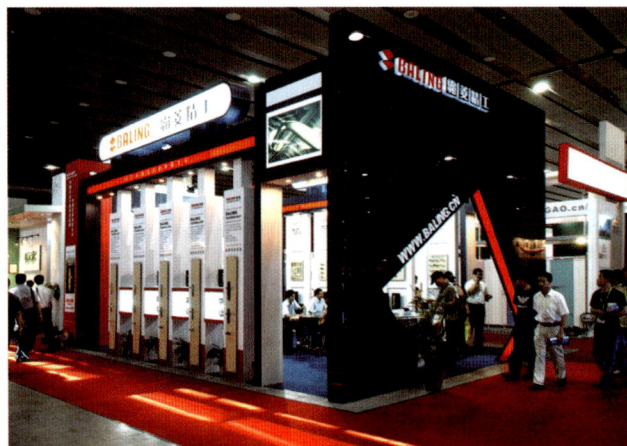

图5－1－12　实景图

展示空间设计能力测评大纲

能力模块	能力目标（专项技能）	测评内容	评分标准
基础知识	一、展示空间设计基本的定义和基本内容	1.展示空间设计的基本概念是什么？ 2.简述现代展示空间设计具有的基本特征。 3.简述展示空间设计的类型及基本内容。 4.展示空间设计的分类及基本内容。 5.展示空间概念与室内设计中的空间概念的区别有哪些？ 6.展示空间设计的基本程序与步骤？	问答题： 1.在基础知识四大内容内按A、B卷进行选择拟题测评。 2.评分标准： ①简答题每题5分； ②简述题和阐明题每题10分； ③基础知识占总分的50%。
	二、展示空间设计的主题策划	1.展示空间的主题风格有哪几个方面？ 2.展示空间设计的主题程序？ 3.如何强化主题信息？ 4.什么是展示空间设计的创意。 5.展示空间设计的创意有哪些形式？	
	三、展示空间设计的规划程序	1.展示空间的整体与局部规划设计有哪些内容？ 2.区域划分和展示空间配置应注意的地方。 3.展示空间平面规划的要点？ 4.展示空间平面规划的方法？ 5.展示空间流线设计特点与要求。 6.流量与流速的区别，如何对它们进行控制？ 7.如何让参观线路制定得更科学？ 8.展示空间的指示导向系统的功能特性有哪些？ 9.视觉导向系统有哪几个方面的内容？	
	四、展示空间设计的基本构成和设计方法	1.请绘出展示空间的构成形式图。 2.简述演示交流空间的作用及意义。 3.什么是展示设计中的形式法则，它有哪些形式？ 4.节奏与韵律的特点，它们之间的区别与联系？	
实操能力	一、展示空间设计基本程序模拟练习	1.根据某方案内容进行前期资料的收集与整理，做出文字的方案，并绘制草图方案。	实操能力题： 1.按实操能力四大内容进行。选择拟题测评 2.评分标准： ①能力操作题每题10分； ②方案的表现能力分值占总分的50%。
	二、展示空间设计的主题策划操作能力	1.展示空间的主题实际操作设计。 2.展示空间创意的实际操作设计。 3.展示空间统一与变化的实际操作设计。	
	三、展示空间设计的规划程序的方案绘制能力及表现	1.作出某方案的规划设计，至少方案有两个以上的形式供考核。 2.根据选定的方案绘制标准的平面布置图。 3.用草图的形式对平面及立面进行多方案的绘制，具有一定的表现能力和造型能力。 4.能用专业设计软件准确地表现设计意图和方案。	
	四、展示空间工程施工现场工作实践	1.由指导教师利用本课程的学习时间，联系相关内容的设计工程公司，让学生到实际工程场地进行实际观摩，通过实际操作来了解展示工程空间设计的工作程序、工作方法、工艺流程、工艺制作等。从而提高学生的动手能力和实际工作能力。 2.如果没有机会遇到工程项目，也可由指导教师利用本课程的学习时间，联系某品牌专卖店进行实地考察，翻板绘制出正规方案图进行改构分析，写出分析报告，并制作模型方案，从而提高学生的分析能力和动手能力。	

能力模块

(1)基础知识： 全面理解展示空间设计基础知识，特别是对展示空间设计有着直接联系的基础知识内容。

能力模块

(2)实操能力：展示空间设计的方案草图及标准图的绘制，特别是电脑绘制图操作的熟练程度。

1.测评内容：

①基础知识问答题，考核学生对展示空间设计基础知识课程的理解程度。

②通过对展示空间设计草图方案的规划表现以及对展示空间的解构分析，要求学生对展示空间设计全面系统地掌握基础知识能力和对方案的表现能力。

2.能力测评：

(1)基础知识试题； (2)方案的表现试题。

评分标准：

(3)基础知识占40%； (4)方案的表现力占60%。

后记
Postscript

　　展示空间是以人的存在为前提的空间设计，它是人们获取信息需求的空间，其特点就在于具有公共性、开放性和流动性。展示空间设计就是从这些特性中，较全面地述说了它们的特点，同时以它的规律面和艺术面作了深入的描述，让我们正确地理解和区别于其他空间设计的共性和个性。

　　面对展示空间特征，会展展示设计专业学科更应十分清晰地认识到所面临的问题和需应对的挑战！特别是当今职业技术教育更应依据自身的教育特征来制定与会展职业技术教育相符合的教学体系。否则，将造成会展职业技术教育方向的偏移，从而就会影响会展职业技术教育的良性发展。因此，本教材依据会展——展示设计的发展历史和现状、时代特征，明确展示空间设计专业学科的概念以及所涉及的范畴，从展示空间特点出发，把展示空间的设计准备、主题策划、规律设计以及构成要素等方面作了较详细地展述，并引用一些实际展示工程案例解析介绍给读者，使读者从书中得到一些实际操作方面的帮助。

　　由于初次编写展示工程设计类教材，难免在编写过程中出现一些不足之处，敬请有关专业学者及其读者予以指正。

　　在本书的编写过程中，特别感谢北京元洲装饰集团柳州分公司以及殷庆飞、卢向军、朱艺等老师的大力支持。

参考书目：

《展示设计》	张　立主编	中国纺织出版社	2006年9月第1版
《展示设计》	叶永平主编	机械工业出版社	2005年8月第1版
《展示空间设计》	苗　岭等编著	上海人民出版社	2006年11月第1版
《展示设计务实》	冯晓云等编著	江苏美术出版社	2005年8月第1版